MATA EL CALOR PRIMERO ANTES DE QUE TE MATE

SOBREVIVIR LA OLA DE CALOR DE 2023 EN AMÉRICA Y EUROPA

PROF. EBONY M. BINGHAM

TABLA DE CONTENIDO

3

1

ENTENDER LAS ONDAS DE CALOR

¿QUÉ ES UNA OLA DE CALOR?

Una ola de calor es un período prolongado de clima excesivamente cálido que ocurre dentro de una región específica. Se caracteriza por temperaturas significativamente más altas que las condiciones climáticas promedio para esa área durante una temporada en particular. Las olas de calor suelen ir acompañadas de altos niveles de humedad, lo que puede exacerbar la incomodidad y los riesgos para la salud asociados con el calor extremo.

Las olas de calor suelen durar varios días o incluso semanas, y su intensidad puede variar según la ubicación geográfica y la época del año. Si bien las olas de calor se asocian comúnmente con los meses de verano, pueden ocurrir en cualquier momento, incluso en primavera u otoño.

Durante una ola de calor, la temperatura aumenta a niveles anormalmente altos, lo que dificulta que el cuerpo se enfríe a través de sus mecanismos habituales, como la sudoración. Esto puede conducir a una variedad de problemas de salud, particularmente para las poblaciones vulnerables, como los ancianos, los niños pequeños, las mujeres embarazadas y las personas con afecciones médicas preexistentes.

EL IMPACTO DE LAS OLAS DE CALOR EN LA SALUD

Las olas de calor tienen un impacto significativo en la salud humana, con consecuencias potencialmente graves. El calor excesivo y la exposición prolongada pueden afectar la capacidad del cuerpo para regular su temperatura interna, lo que lleva a una variedad de enfermedades relacionadas con el calor. Algunos de los riesgos para la salud asociados con las olas de calor incluyen:

Agotamiento por calor

El agotamiento por calor es una condición que ocurre cuando el cuerpo se deshidrata y no puede enfriarse de manera eficiente. Los síntomas pueden incluir sudoración abundante, debilidad, mareos, náuseas, dolor de cabeza y calambres musculares. Si no se trata a tiempo, el agotamiento por calor puede provocar un golpe de calor.

Golpe de calor

El golpe de calor es una afección potencialmente mortal que requiere atención médica urgente. Ocurre cuando la temperatura interna del cuerpo alcanza un nivel peligroso, normalmente por encima de los 104 °F (40 °C). Los síntomas incluyen confusión, desorientación, latidos cardíacos rápidos, dolor de cabeza palpitante, piel seca y caliente y pérdida del conocimiento. Si el golpe de calor no se trata de inmediato, puede causar insuficiencia orgánica y la muerte.

Deshidración

La exposición prolongada a altas temperaturas sin la ingesta adecuada de líquidos puede provocar deshidratación. La deshidratación puede causar fatiga, mareos, sequedad de boca, disminución de la producción de orina y, en casos graves, confusión e inconsciencia.

Problemas respiratorios y cardiovasculares

Las olas de calor pueden empeorar las afecciones respiratorias y cardiovasculares existentes, como el asma, la enfermedad pulmonar obstructiva crónica (EPOC) y las enfermedades cardíacas. El calor y la mala calidad del aire durante las olas de calor pueden desencadenar dificultad respiratoria y complicaciones cardiovasculares.

CAMBIO CLIMÁTICO Y OLAS DE CALOR

El cambio climático juega un papel importante en el aumento de la frecuencia y la gravedad de las olas de calor. La acumulación de gases de efecto invernadero en la atmósfera terrestre, principalmente a partir de actividades humanas como la quema de combustibles fósiles, conduce a un efecto de calentamiento conocido como calentamiento global. Este aumento de las temperaturas globales contribuye a la aparición e intensificación de las olas de calor.

Los estudios científicos y los modelos climáticos proyectan que las olas de calor serán más frecuentes, más duraderas y más intensas a medida que el clima de la Tierra continúe calentándose. Esto subraya la importancia de comprender la conexión entre el cambio climático y las olas de calor para abordar sus impactos de manera efectiva.

Al reconocer las características y los riesgos asociados con las olas de calor, así como la influencia del cambio climático en su ocurrencia, podemos tomar medidas proactivas para protegernos a nosotros mismos y a nuestras comunidades. Los siguientes capítulos de este libro brindarán estrategias prácticas y orientación para sobrevivir y mitigar los efectos de las olas de calor, asegurando nuestro bienestar durante estos eventos climáticos extremos.

2

PREPARÁNDOSE PARA LA OLA DE CALOR

Prepararse para una ola de calor es crucial para garantizar su seguridad y bienestar durante el clima de calor extremo. Al tomar medidas proactivas, puede minimizar los riesgos y maximizar su capacidad para hacer frente a las altas temperaturas. Las siguientes secciones brindan información valiosa sobre cómo prepararse de manera efectiva:

Monitoreo de pronósticos meteorológicos y avisos de calor

Al consultar con frecuencia las previsiones meteorológicas, puede mantenerse informado sobre las condiciones meteorológicas locales. Preste atención a los avisos y avisos de calor emitidos por las autoridades locales y las agencias meteorológicas. Estas alertas brindan información valiosa sobre el índice de calor esperado, la duración de la ola de calor y las precauciones necesarias. Al mantenerse actualizado, puede planificar con anticipación y tomar decisiones informadas con respecto a las actividades al aire libre, la hidratación y las estrategias de enfriamiento.

Creación de un plan de emergencia para olas de calor

Desarrollar un plan de emergencia para olas de calor es esencial para garantizar su seguridad y la de sus seres queridos. Al construir su plan, tenga en cuenta los siguientes factores:

Establecimiento de comunicación

Designa un plan de comunicación con tu familia y amigos para mantenerte conectado durante una ola de calor. Comparta los números de contacto de emergencia y establezca un punto de encuentro en caso de evacuación.

Identificación de centros de enfriamiento y refugios

Ubique centros de enfriamiento, centros comunitarios o instalaciones públicas cercanas que ofrezcan espacios con aire acondicionado durante las olas de calor.

Identifique refugios de emergencia en caso de que necesite evacuar su hogar debido al calor extremo o cortes de energía.

Abastecerse de suministros esenciales

Prepárese abasteciéndose de suministros esenciales antes de que llegue la ola de calor. Considera lo siguiente:

Agua: Asegure un amplio suministro de agua potable para usted y sus mascotas.

Almacene agua en recipientes limpios y sellados y considere tener un sistema de filtración de agua o tabletas de purificación de agua como respaldo.

Alimentos: Tenga disponibles alimentos no perecederos que requieran poca o ninguna cocción.

Opta por alimentos con alto contenido de agua, como frutas y verduras, para ayudar a mantener la hidratación.

Medicamentos y Primeros Auxilios: Garantizar un suministro adecuado de medicamentos recetados.

Incluya un botiquín de primeros auxilios con suministros para el tratamiento de enfermedades relacionadas con el calor.

Equipo de emergencia: tenga ventiladores a batería, acondicionadores de aire portátiles o toallas refrescantes disponibles como alternativas al aire acondicionado tradicional. Mantenga una radio de batería o de manivela para acceder a las transmisiones de emergencia.

3

PREPARANDO SU CASA PARA EL CALOR EXTREMO

Tome medidas para preparar su hogar para la ola de calor y crear un ambiente más fresco y cómodo:

Aislamiento y Sombra

Aísle su hogar para evitar que entre calor y escape aire frío.

Instale persianas, cortinas o persianas para bloquear la luz solar directa y reducir la ganancia de calor.

Ventilación

Asegure una ventilación adecuada usando ventiladores, abriendo las ventanas durante los períodos más fríos y utilizando técnicas de ventilación cruzada.

Considere instalar ventiladores en el ático y en toda la casa para mejorar el flujo de aire.

Aire acondicionado

Mantenga y dé servicio a su sistema de aire acondicionado antes de que comience la ola de calor. Configure su termostato a una temperatura cómoda y use prácticas de enfriamiento eficientes en energía.

Preparación de la sala fría

Designe una habitación fresca en su hogar donde pueda buscar refugio durante los momentos más calurosos del día. Mantenga esta habitación bien ventilada y equipada con aire acondicionado portátil o ventiladores.

Si se prepara con anticipación y toma estas precauciones necesarias, puede minimizar el impacto de una ola de calor en su vida diaria. Ser proactivo le permite mantenerse fresco, hidratado y seguro durante condiciones de calor extremo.

MANTENERSE FRESCO EN EL INTERIOR

Durante una ola de calor, mantenerse fresco en el interior es crucial para protegerse del calor excesivo y reducir el riesgo de enfermedades relacionadas con el calor. La implementación de estrategias efectivas de enfriamiento ayudará a mantener un ambiente cómodo y seguro. Considere los siguientes consejos para mantenerse fresco en el interior:

Uso efectivo del aire acondicionado

El aire acondicionado es una de las formas más efectivas de enfriar los espacios interiores durante una ola de calor. Maximiza su eficacia con estos consejos:

Ajuste de temperatura: ajuste su termostato a una temperatura cómoda, normalmente entre 72 °F (22 °C) y 78 °F (26 °C). Evite bajar demasiado la temperatura porque hacerlo sobrecargará el sistema y usará más energía.

Flujo de aire y rejillas de ventilación: asegúrese de que haya un flujo de aire adecuado manteniendo las puertas y ventanas cerradas mientras el aire acondicionado está funcionando. Limpie o reemplace los filtros de aire regularmente para mantener una calidad de aire óptima y la eficiencia del sistema. Asegúrese de que las rejillas de ventilación y los registros no estén obstruidos para permitir un flujo de aire eficiente.

Termostatos programables: utilice termostatos programables para ajustar automáticamente la configuración de temperatura según su horario. Establezca temperaturas más altas cuando esté fuera para ahorrar energía y reducir las facturas de servicios públicos.

Métodos de enfriamiento alternativos

Si no tiene acceso a aire acondicionado o desea complementar su eficacia, considere métodos de enfriamiento alternativos:

Ventiladores: use ventiladores de techo, ventiladores de piso o ventiladores portátiles para hacer circular el aire y crear una brisa refrescante. Coloque los ventiladores estratégicamente para dirigir el flujo de aire hacia usted o hacia el otro lado de la habitación para una mejor circulación.

Ventilación natural: abra las ventanas y puertas durante los períodos más frescos, como temprano en la mañana o tarde en la noche, para permitir que entre aire fresco en su hogar. Utilice la ventilación cruzada abriendo ventanas en lados opuestos de su hogar para crear una brisa refrescante.

Coberturas de ventanas: Instale persianas, cortinas o persianas de colores claros para bloquear la luz solar directa y reducir la ganancia de calor.

Considere películas reflectantes para ventanas o persianas solares para minimizar aún más la transferencia de calor.

Toallas refrescantes y rociadores: Use toallas refrescantes o dispositivos rociadores para bajar la temperatura de su cuerpo y proporcionar un alivio temporal del calor. Humedezca una toalla con agua fría y colóquela en el cuello, las muñecas o la frente para disfrutar de una sensación refrescante.

Crear una habitación fresca o un refugio

Designar una habitación fresca o un refugio dentro de su hogar puede brindarle un respiro del calor. Sigue estos consejos:

Selección de habitaciones: elija una habitación en el nivel inferior de su hogar, ya que aumenta el calor y los niveles inferiores tienden a ser más frescos.

De preferencia seleccione una habitación con ventanas para ventilación natural o fácil instalación de aires acondicionados portátiles.

25

Tratamientos de ventanas: use cortinas opacas o persianas térmicas en la habitación fría para minimizar la penetración del calor. Aplique películas reflectantes para ventanas para reducir la ganancia de calor solar mientras mantiene la visibilidad.

Equipo de refrigeración: Instale un acondicionador de aire portátil o un enfriador evaporativo en la cámara frigorífica para una refrigeración adicional. Coloque los ventiladores estratégicamente para mejorar la circulación del aire dentro de la habitación.

Hidratación y comodidad: mantenga bebidas frescas, agua y refrigerios disponibles en la cámara frigorífica. Cree una zona de estar cómoda con muebles y cojines ligeros y transpirables.

Gestión de la humedad y la ventilación

Los altos niveles de humedad pueden intensificar la sensación de calor. Sigue estos consejos para gestionar la humedad y mejorar la ventilación

Deshumidificadores: Use deshumidificadores para eliminar el exceso de humedad del aire, haciéndolo sentir más cómodo. Vacíe y limpie el deshumidificador regularmente para mantener su eficiencia.

Ventilación de baños y cocinas: Encienda extractores o abra ventanas en baños y cocinas para expulsar el aire caliente y la humedad. Use campanas extractoras cuando cocine para desviar el calor y la humedad hacia el exterior.

Evite las actividades generadoras de calor: minimice las actividades generadoras de calor, como usar el horno o la estufa, durante las horas más calurosas del día.

Opte por comidas más ligeras que requieran menos cocción o considere asar al aire libre en su lugar.

Al implementar estas estrategias, puede crear un ambiente interior fresco y cómodo, reduciendo el riesgo de enfermedades relacionadas con el calor y asegurando su bienestar durante una ola de calor. Recuerde mantenerse hidratado y controlar su cuerpo para detectar signos de sobrecalentamiento o deshidratación.

4

MANTENERSE HIDRATADO

Mantenerse adecuadamente hidratado es crucial durante una ola de calor para prevenir la deshidratación y mantener la capacidad de su cuerpo para regular la temperatura. Las siguientes pautas lo ayudarán a mantenerse hidratado y minimizar el riesgo de enfermedades relacionadas con el calor:

IMPORTANCIA DE LA HIDRATACIÓN EN TIEMPO CALOR

Cuando hace calor, su cuerpo pierde agua más rápidamente a través de la sudoración para refrescarse. Una hidratación adecuada es esencial para reponer los líquidos perdidos y mantener una función corporal óptima. Los beneficios de mantenerse hidratado durante una ola de calor incluyen:

Regulación de la temperatura: una hidratación adecuada ayuda a regular la temperatura corporal y evita el sobrecalentamiento.

Rendimiento físico mejorado: los músculos y las células bien hidratados mejoran el rendimiento físico y reducen el riesgo de calambres musculares o fatiga.

Función cognitiva: la hidratación apoya la función cognitiva, la concentración y la claridad mental, ayudándote a mantenerte concentrado y alerta.

Equilibrio de electrolitos: mantener el equilibrio de electrolitos es crucial para una función celular óptima y para prevenir desequilibrios que pueden provocar calambres musculares y debilidad.

ELEGIR LOS FLUIDOS ADECUADOS

No todos los fluidos son igualmente efectivos para la hidratación. Opta por los siguientes fluidos hidratantes durante una ola de calor:

Agua: El agua es la mejor opción para la hidratación, ya que está fácilmente disponible y ayuda a reponer los líquidos perdidos. Beba agua antes, durante y después de la actividad física, incluso si no tiene sed.

Bebidas ricas en electrolitos: Las bebidas deportivas o bebidas enriquecidas con electrolitos pueden ser beneficiosas durante el esfuerzo físico prolongado o en casos de sudoración excesiva. Estas bebidas ayudan a reponer los electrolitos perdidos a través del sudor, especialmente si realiza ejercicio intenso.

Jugos de frutas y vegetales: Los jugos naturales de frutas y vegetales, como el jugo de sandía o pepino, no solo son hidratantes sino que también brindan nutrientes y antioxidantes adicionales.

Evite los jugos con alto contenido de azúcares añadidos, ya que pueden contribuir a la deshidratación.

Agua de coco: El agua de coco es una bebida natural rica en electrolitos que puede ayudar a reponer los líquidos y electrolitos que se pierden al sudar. Es una alternativa refrescante a las bebidas deportivas, brindando hidratación con un sabor suave y natural.

CONSEJOS PARA LA CONSERVACIÓN DE AGUA

Durante una ola de calor, la conservación del agua es esencial para garantizar un suministro adecuado para la hidratación y otras necesidades esenciales. Considere los siguientes consejos para la conservación del agua:

Hidrátate antes de salir: Bebe mucha agua antes de salir de casa para empezar el día bien hidratado.

Use botellas de agua reutilizables: lleve consigo una botella de agua reutilizable para mantenerse hidratado mientras viaja, reduciendo la necesidad de botellas de plástico de un solo uso.

Limite el uso de agua: Tome duchas más cortas y reduzca el flujo de agua mientras se baña para conservar el agua. Use un balde para recoger el agua de la ducha o el baño para otros fines, como descargar inodoros o regar plantas.

Electrodomésticos de bajo consumo de agua: Opte por electrodomésticos de bajo consumo de agua, como cabezales de ducha y grifos de bajo flujo, para minimizar el uso de agua.

SIGNOS DE DESHIDRATACIÓN Y ENFERMEDADES RELACIONADAS CON EL CALOR

Es crucial reconocer los signos de deshidratación y enfermedades relacionadas con el calor. Tenga en cuenta los siguientes síntomas:

Deshidratación leve: boca y garganta secas, orina oscura, fatiga, sed y reducción de la producción de orina.

Deshidratación moderada a severa: Mareos, aturdimiento, confusión, latidos cardíacos rápidos, piel seca y fría, irritabilidad y ojos hundidos.

Calambres por calor: Calambres o espasmos musculares, particularmente en las piernas o el abdomen, a menudo acompañados de sudoración excesiva.

Agotamiento por calor: sudoración profusa, debilidad, fatiga, náuseas, dolor de cabeza, mareos, piel húmeda y pulso acelerado.

Golpe de calor (emergencia médica): temperatura corporal alta (más de 104 °F o 40 °C), confusión, estado mental alterado, convulsiones, piel caliente y seca, respiración rápida y pérdida del conocimiento. Llame a los servicios de emergencia inmediatamente. Si experimenta deshidratación severa o síntomas de enfermedades relacionadas con el calor, busque atención médica de inmediato.

Al priorizar la hidratación, elegir los líquidos correctos, conservar el agua y reconocer los signos de deshidratación y enfermedades relacionadas con el calor, puede mantenerse adecuadamente hidratado y minimizar los riesgos asociados con las olas de calor. Recuerda beber agua con frecuencia, incluso si no tienes sed, y controla los niveles de hidratación de tu cuerpo durante los períodos de calor extremo.

5

VESTIRSE PARA EL CALOR

Elegir la ropa adecuada durante una ola de calor es fundamental para mantenerse fresco, cómodo y protegido de los rayos del sol. La ropa adecuada puede ayudar a regular la temperatura corporal, promover el flujo de aire y minimizar la absorción de calor. Tenga en cuenta los siguientes consejos cuando se vista para el calor:

ELEGIR TEJIDOS TRANSPIRABLES Y LIGERO

Opta por telas que sean transpirables y livianas para facilitar el flujo de aire y permitir que el sudor se evapore. Aquí hay algunas opciones de telas ideales para climas cálidos:

Algodón

El algodón es una fibra natural que es transpirable y permite la circulación del aire, manteniéndote fresco y cómodo. Elija ropa de algodón holgada para maximizar el flujo de aire y promover la evaporación del sudor.

Lino

El lino es un tejido ligero y muy transpirable que absorbe la humedad y se seca rápidamente. Usar ropa de lino ayuda a promover la ventilación y permite que el calor escape de su cuerpo.

Telas que absorben la humedad

Busque telas sintéticas diseñadas específicamente para propiedades de absorción de la humedad, como mezclas de poliéster o nailon. Estas telas alejan la humedad de la piel y permiten que se evapore más rápidamente.

Tejidos ligeros

Opte por tejidos de punto ligeros que tengan un tejido abierto, como el jersey o la malla. Estos tejidos favorecen la circulación del aire y mejoran la transpirabilidad.

ROPA DE PROTECCIÓN Y ACCESORIOS

Si bien es importante usar ropa ligera y transpirable, es igualmente crucial protegerse de los rayos nocivos del sol. Considere la siguiente ropa y accesorios de protección:

Sombreros de ala ancha

Para protegerse la cara, el cuello y las orejas de la luz solar intensa, póngase un sombrero de ala ancha.

Elija sombreros hechos de materiales transpirables, como paja o algodón, para una mejor ventilación.

Gafas de sol

Póngase anteojos de sol con protección UV para proteger sus ojos de los rayos del sol. Para obtener la mejor protección para los ojos, busque anteojos de sol que filtren la radiación UVA y UVB. Busque anteojos de sol que bloqueen los rayos UVA y UVB para una protección ocular óptima.

Ropa de protección solar

Considere usar ropa con protección solar incorporada, como prendas UPF (factor de protección ultravioleta). Estas prendas de vestir están diseñadas específicamente para bloquear los dañinos rayos UV y ofrecer una capa adicional de defensa contra el sol.

Camisas y pantalones ligeros de manga larga

Si bien puede parecer contradictorio, usar camisas y pantalones livianos de manga larga puede ofrecer protección contra el sol mientras permite el flujo de aire y evita que la luz solar directa llegue a su piel. Elija prendas holgadas para mejorar la ventilación y promover la evaporación del sudor.

CONJUNTOS DE MODA Y FUNCIONALES PARA LA OLA DE CALOR

Puedes mantenerte elegante y cómodo durante una ola de calor con las siguientes ideas de vestimenta:

Vestidos de verano y vestidos maxi

Opta por vestidos de verano ligeros y holgados o vestidos largos hechos de telas transpirables como el algodón o el lino. Estas prendas fluidas permiten la circulación del aire y brindan una opción de moda para el clima cálido.

Pantalones cortos y camisetas sin mangas

Elija pantalones cortos y camisetas sin mangas livianos hechos de materiales transpirables para un atuendo informal y cómodo. Busque telas que absorban la humedad para mantenerse fresco y seco.

Calzado Transpirable

Use sandalias abiertas o zapatos hechos de materiales transpirables como lona o malla.

Evite el calzado que retenga el calor, como botas pesadas o zapatos con suelas gruesas.

Capas para la versatilidad

Opte por capas ligeras y sueltas que se puedan quitar o ajustar fácilmente en función de los cambios de temperatura a lo largo del día. Las capas le permiten adaptarse a diferentes niveles de calor y mantener la comodidad.

Recuerda aplicar protector solar en la piel expuesta, independientemente de la ropa que elijas. El protector solar con un SPF (factor de protección solar) alto ayuda a proteger su piel de los dañinos rayos UV.

Al seleccionar telas transpirables, incorporar ropa y accesorios protectores y considerar opciones de atuendos funcionales y a la moda, puede vestirse apropiadamente para el calor y garantizar tanto la comodidad como la protección solar durante una ola de calor.

6

ACTIVIDADES AL AIRE LIBRE Y EJERCICIO

Participar en actividades al aire libre y hacer ejercicio durante una ola de calor requiere consideraciones especiales para garantizar su seguridad y bienestar. Si bien es esencial mantenerse activo, es igualmente importante tomar precauciones y ajustar su rutina para minimizar el riesgo de enfermedades relacionadas con el calor. Siga estas pautas para las actividades al aire libre y el ejercicio durante el clima cálido:

HACER EJERCICIO CON SEGURIDAD EN CLIMA CALIENTE

Hora del día

Planifique sus actividades al aire libre y haga ejercicio durante las horas más frescas del día, como temprano en la mañana o en la noche. Evite hacer ejercicio durante las horas más calurosas, generalmente entre las 10 a. m. y las 4 p. m.

Hidratación

Beba mucha agua antes, durante y después de sus actividades al aire libre para mantener la hidratación. Lleve consigo una botella de agua y observe descansos regulares para hidratarse.

Vestir apropiadamente

Use ropa ligera, transpirable y que absorba la humedad. Para mantenerse fresco y reflejar la luz del sol, elija ropa de colores claros.

Proteccion solar

Incluso en días nublados, cubra cualquier piel expuesta con protector solar con un SPF alto. Use un sombrero de ala ancha y anteojos de sol para mayor protección solar.

Escucha tu cuerpo

Presta atención a las señales de tu cuerpo. Si comienza a sentirse mareado, aturdido o excesivamente fatigado, tómese un descanso y busque la sombra.

CONSEJOS DE SEGURIDAD PARA LAS OLA DE CALOR PARA SENDERISMO Y CAMPING

Si planea caminar o acampar durante una ola de calor, tome estas precauciones adicionales:

Consultar condiciones de la ruta

Investigue las condiciones de los senderos y elija senderos sombreados o más frescos siempre que sea posible. Tenga en cuenta los cierres o restricciones de senderos debido a riesgos de incendio o calor extremo.

Comience temprano y termine temprano

Comience su caminata temprano en la mañana para evitar las horas pico de calor. Termine su caminata o actividades al aire libre antes de la parte más calurosa del día.

Plan para la sombra

Planifique su caminata o viaje de campamento en áreas con abundante sombra, como bosques o áreas con dosel natural. Tome descansos en áreas sombreadas para refrescarse y descansar.

Lleva suficiente agua

Asegúrese de tener suficiente agua para la duración de su caminata o viaje de campamento, teniendo en cuenta las mayores necesidades de líquidos en climas cálidos. Si hay fuentes de agua disponibles a lo largo del sendero, traiga un sistema de filtración de agua o tabletas de purificación de agua como respaldo.

SEGURIDAD EN LA PISCINA Y RECREACIÓN ACUÁTICA

La natación y la recreación acuática pueden brindar alivio durante una ola de calor, pero la seguridad debe seguir siendo una prioridad:

Supervisión

Nunca nade solo y asegúrese de que haya una supervisión adecuada para los niños y los nadadores sin experiencia.

Mantenga una vigilancia constante cuando esté cerca del agua, incluso en áreas poco profundas.

Hidratación

Manténgase hidratado bebiendo agua antes, durante y después de nadar o participar en actividades acuáticas. Evite consumir alcohol o cafeína, ya que pueden contribuir a la deshidratación.

Proteccion solar

Aplique protector solar a prueba de agua para proteger su piel de los rayos nocivos del sol mientras nada o participa en actividades acuáticas. Vuelva a aplicar protector solar después de nadar o sudar en exceso.

Habilidades de seguridad en el agua

Aprenda habilidades básicas de seguridad en el agua, incluidas técnicas de natación y técnicas de rescate, para garantizar su seguridad y la seguridad de los demás.

MEDIDAS DE SEGURIDAD PARA MASCOTAS Y NIÑOS

Garantice la seguridad de sus mascotas y niños durante las actividades al aire libre cuando hace calor:

Seguridad de mascotas

Limite las actividades al aire libre de las mascotas durante las horas más calurosas del día. Proporcione sombra y agua fresca para sus mascotas en todo momento. Evite pasear a los perros sobre pavimento caliente, ya que puede quemarles las almohadillas de las patas.

Seguridad infantil

Nunca deje a los niños desatendidos en un vehículo, ni siquiera por un período breve, ya que los automóviles pueden calentarse peligrosamente rápidamente. Mantenga a los niños bien hidratados y vístalos con ropa ligera y transpirable.

Programe el tiempo de juego al aire libre durante las horas más frescas del día. Si sigue estas pautas de seguridad y ajusta sus actividades al aire libre y sus rutinas de ejercicio en consecuencia, puede disfrutar de los beneficios de estar activo mientras minimiza los riesgos asociados con las olas de calor. Priorice la seguridad, manténgase hidratado y escuche las señales de su cuerpo para garantizar una experiencia segura y agradable al aire libre durante el clima cálido.

7

HACER FRENTE A LOS CORTES DE ENERGÍA

Durante una ola de calor, pueden ocurrir cortes de energía debido al aumento de la demanda de energía y la tensión en la red eléctrica. Hacer frente a los cortes de energía requiere preparación y saber cómo mantenerse seguro y cómodo durante períodos prolongados sin electricidad. Considere los siguientes consejos para hacer frente a los cortes de energía durante una ola de calor:

PREPARACIÓN PARA CORTES DE ENERGÍA

Articulos de emergencia

Cree un kit de emergencia que incluya suministros esenciales como linternas, baterías, ventiladores portátiles y una radio de batería o de manivela.

Mantenga un stock de alimentos no perecederos, agua embotellada y medicamentos necesarios.

Baterías de respaldo y bancos de energía

Invierta en sistemas de respaldo de batería o bancos de energía para cargar dispositivos esenciales como teléfonos celulares o equipos médicos. Asegúrese de que estén completamente cargados antes de que ocurra el corte de energía.

Hieleras y Hielo

Tenga hieleras y bolsas de hielo a mano para evitar que los alimentos perecederos se echen a perder durante un corte de energía. Limite la apertura del refrigerador y el congelador para preservar la temperatura fresca tanto como sea posible.

Seguridad del generador

Si usa un generador, siga las pautas de seguridad adecuadas y asegúrese de que funcione en un área bien ventilada, lejos de ventanas y puertas.

No use un generador en interiores para evitar el envenenamiento por monóxido de carbono.

GESTIÓN DEL ALMACENAMIENTO DE ALIMENTOS Y MEDICAMENTOS

Alimentos Refrigerados y Congelados

Mantenga las puertas del refrigerador y del congelador cerradas tanto como sea posible para mantener las temperaturas frescas. Use alimentos perecederos primero y confíe en los alimentos no perecederos de su kit de suministros de emergencia. Si el corte de energía se prolonga, considere opciones alternativas de refrigeración, como hieleras con hielo o busque ayuda de recursos comunitarios.

Medicamentos

Los medicamentos que necesitan refrigeración deben guardarse en una hielera con bolsas de hielo.

Comuníquese con su proveedor de atención médica o farmacéutico para obtener orientación sobre el almacenamiento de medicamentos durante un corte de energía.

Monitoreo de temperatura

Use un termómetro para alimentos para asegurarse de que la temperatura del refrigerador se mantenga por debajo de los 40 °F (4 °C). Deseche cualquier alimento perecedero que haya estado por encima de esta temperatura durante más de dos horas.

Reabastecimiento de medicamentos recetados

Vuelva a surtir las recetas antes de que ocurra una ola de calor y un corte de energía para garantizar un suministro adecuado. Consulte con su proveedor de atención médica o farmacéutico sobre cualquier inquietud u opciones de medicamentos alternativos durante un corte de energía.

MANTENERSE SEGURO DURANTE LOS CORTES DE ENERGÍA

Zonas de seguridad para olas de calor

Identifique los centros de enfriamiento locales, los edificios públicos o las instalaciones comunitarias que ofrecen aire acondicionado durante un corte de energía. Busque refugio en estos lugares para escapar del calor extremo y reducir el riesgo de enfermedades relacionadas con el calor.

Recursos para aliviar el calor

Manténgase actualizado sobre las noticias locales, las redes sociales o los sitios web de la comunidad para obtener información sobre los recursos de alivio del calor, incluidos los refugios de refrigeración de emergencia o las iniciativas comunitarias.

Mantente hidratado

Beba mucha agua y líquidos hidratantes para mantenerse fresco y mantener los niveles de hidratación.

Evite consumir alcohol o bebidas que contengan cafeína en exceso, ya que pueden causar deshidratación.

Manténgase fresco en el interior

Cree una habitación fresca o un área fresca designada dentro de su hogar usando ventiladores, ventanas abiertas para ventilación y utilizando sombra. Use ropa ligera y transpirable y use toallas húmedas o métodos de enfriamiento para bajar la temperatura corporal.

BUSCANDO APOYO Y RECURSOS COMUNITARIOS

Programas de asistencia comunitaria

Manténgase informado sobre los programas de asistencia de la comunidad local que brindan apoyo durante cortes de energía y olas de calor.

Comuníquese con las agencias gubernamentales locales, las organizaciones sin fines de lucro o las autoridades de manejo de emergencias para obtener información sobre los recursos disponibles.

Registros de vecinos

Controle a los vecinos, especialmente a las personas vulnerables, como los ancianos, las personas con afecciones médicas o las familias con niños pequeños. Ofrezca asistencia y comparta información sobre recursos y apoyo disponibles.

Redes de apoyo comunitario

Conéctese con grupos comunitarios locales, asociaciones de vecinos o foros en línea para compartir información y recursos durante cortes de energía y olas de calor.

Estas redes pueden brindar apoyo, compartir actualizaciones y ofrecer asistencia durante tiempos difíciles.

Si se prepara con anticipación, administra el almacenamiento de alimentos y medicamentos, se mantiene seguro y busca el apoyo de la comunidad, puede hacer frente de manera efectiva a los cortes de energía durante una ola de calor. Recuerde priorizar su seguridad, mantenerse hidratado y mantenerse informado sobre los recursos y la asistencia disponibles en su comunidad.

8

RESPUESTA DE EMERGENCIA Y PRIMEROS AUXILIOS

Durante una ola de calor, es crucial estar preparado para posibles emergencias y tener conocimientos básicos de primeros auxilios para responder de manera efectiva a enfermedades relacionadas con el calor y otros problemas de salud. Comprender los procedimientos de respuesta a emergencias y saber cómo administrar los primeros auxilios puede marcar una diferencia significativa para garantizar el bienestar y la seguridad de usted y de los demás. Considere las siguientes pautas para la respuesta de emergencia y los primeros auxilios durante una ola de calor:

RECONOCIENDO LAS ENFERMEDADES RELACIONADAS CON EL CALOR

Es importante poder reconocer los signos y síntomas de las enfermedades relacionadas con el calor. Las siguientes son condiciones comunes relacionadas con el calor y sus síntomas asociados:

Calambres por calor

Síntomas: Calambres o espasmos musculares dolorosos, generalmente en las piernas o el abdomen. Respuesta: Muévase a un área fresca y sombreada, descanse y rehidrátese con agua o una bebida deportiva que contenga electrolitos. Estire o masajee suavemente los músculos impactados.

Agotamiento por calor

Síntomas: sudoración intensa, debilidad, fatiga, mareos, dolor de cabeza, náuseas, piel húmeda y pulso acelerado.

Respuesta: Muévase a un área fresca y sombreada. Afloje o quite la ropa ajustada. Beba agua fría o una bebida deportiva. Aplique toallas frías y húmedas en el cuerpo. Busque atención médica si los síntomas empeoran o no mejoran en 30 minutos.

Golpe de calor

Síntomas: temperatura corporal alta (por encima de 104 °F o 40 °C), estado mental alterado, confusión, convulsiones, piel caliente y seca, respiración rápida y pulso acelerado.

Respuesta: El golpe de calor es una emergencia médica. Llame a los servicios de emergencia inmediatamente. Mueva a la víctima a un área fresca y sombreada mientras espera ayuda. Quítese el exceso de ropa y use cualquier medio disponible para enfriarla, como aplicar agua fría o bolsas de hielo en el cuello, las axilas y la ingle.

PROCEDIMIENTOS DE RESPUESTA DE EMERGENCIA

En caso de una emergencia relacionada con el calor o cualquier otra emergencia médica, siga estos procedimientos de respuesta de emergencia:

Evaluar la situación

Vela por tu seguridad y la de los demás. Identificar peligros o riesgos potenciales en el entorno circundante. Llame a los servicios de emergencia o pídale a alguien que haga la llamada si necesita ayuda profesional.

Proporcionar atención inmediata

Mueva a la persona a un área fresca y sombreada lejos de la luz solar directa y fuentes de calor. Afloje o quite la ropa ajustada para promover la disipación del calor.

Ofrezca agua o una bebida deportiva para rehidratarse si la persona está consciente y puede tragar.

Enfriar el cuerpo

Use cualquier medio disponible para refrescar a la persona, como aplicar agua fría o bolsas de hielo en el cuello, las axilas y la ingle. Use ventiladores o cree un flujo de aire para ayudar en el proceso de enfriamiento.

Monitorear signos vitales

Se debe controlar la respiración, el pulso y el estado de conciencia de la persona. Registrar y comunicar cualquier cambio o deterioro de su estado a los servicios de emergencia.

TÉCNICAS BÁSICAS DE PRIMEROS AUXILIOS

En una emergencia, tener algunas habilidades básicas de primeros auxilios es vital. Aquí hay algunas técnicas fundamentales de primeros auxilios a tener en cuenta:

Resucitación Cardiopulmonar (RCP)

Si una persona está inconsciente y no respira o no tiene pulso, comience la RCP de inmediato. Realice compresiones torácicas a una velocidad de 100 a 120 compresiones por minuto y proporcione respiraciones de rescate si está capacitado para hacerlo.

Posicion de recuperacion

Coloque a la persona en posición de recuperación para mantener abiertas las vías respiratorias si respira mientras está inconsciente y no tiene otras lesiones graves.

Cuidado de heridas

Limpie los cortes o abrasiones menores con agua limpia y un jabón suave. Aplique un ungüento antiséptico y cubra con un apósito o venda estéril.

Para sangrado severo, aplique presión directa sobre la herida y busque atención médica.

Primeros auxilios para enfermedades relacionadas con el calor

Siga las respuestas de primeros auxilios apropiadas descritas en la sección 8.1 para calambres por calor, agotamiento por calor y golpe de calor.

ENTRENAMIENTO Y CERTIFICACIÓN DE PRIMEROS AUXILIOS

Para mejorar sus habilidades de respuesta a emergencias y su conocimiento de las técnicas de primeros auxilios, considere inscribirse en un curso de capacitación certificado en primeros auxilios. Estos cursos brindan instrucción integral sobre soporte vital básico, RCP y otras habilidades esenciales de primeros auxilios. Tener una capacitación formal garantiza que pueda responder con confianza y eficacia en situaciones de emergencia.

Recuerde siempre priorizar su seguridad y la seguridad de los demás cuando brinde primeros auxilios. En caso de duda o si la situación pone en peligro la vida, llame a los servicios de emergencia de inmediato.

Al reconocer las enfermedades relacionadas con el calor, seguir los procedimientos de respuesta a emergencias y tener conocimientos básicos de primeros auxilios, puede estar mejor equipado para responder a emergencias y brindar asistencia durante una ola de calor u otras situaciones críticas.

9

ADAPTACIÓN A LA OLA DE CALOR A LARGO PLAZO

A medida que las olas de calor se vuelven más frecuentes e intensas debido al cambio climático, es fundamental adaptarse e implementar estrategias a largo plazo para mitigar los impactos y protegernos a nosotros mismos y a nuestras comunidades. La adaptación a la ola de calor a largo plazo implica la implementación de medidas tanto a nivel individual como comunitario para reducir la vulnerabilidad y mejorar la resiliencia. Considere las siguientes estrategias para la adaptación a la ola de calor a largo plazo:

ADAPTACIÓN INDIVIDUAL A LA OLA DE CALOR

Aislamiento del Hogar y Eficiencia Energética

Mejore el aislamiento del hogar para reducir la ganancia y la pérdida de calor, lo que facilita el mantenimiento de una temperatura interior agradable.

Instale ventanas energéticamente eficientes, selle huecos y grietas, y use películas reflectantes para ventanas para bloquear el calor solar.

Paisajismo y Sombra

Plante árboles e instale dispositivos de sombra como toldos, pérgolas o velas de sombra para reducir el calor alrededor de su hogar. Utilice la sombra natural de los árboles y use sombrillas o toldos al aire libre para crear espacios frescos al aire libre.

Estrategias de enfriamiento

Instale o actualice los sistemas de aire acondicionado para mejorar el confort interior durante las olas de calor. Use métodos de enfriamiento de bajo consumo como enfriadores evaporativos, ventiladores de techo o ventiladores de ventana para complementar el aire acondicionado y reducir el consumo de energía.

Protección personal

Use ropa ligera, de colores claros y transpirable que brinde protección solar durante las actividades al aire libre. Use protector solar, sombreros de ala ancha y anteojos de sol para proteger su piel y ojos de la dañina radiación UV.

Hidratación

Mantén una buena hidratación bebiendo agua regularmente, incluso cuando no sientas sed.

Lleve una botella de agua reutilizable para garantizar el acceso a agua limpia y reducir los desechos plásticos.

ADAPTACIÓN A LA OLA DE CALOR EN LA COMUNIDAD

Urbanismo y Diseño

Incorporar espacios verdes, bosques urbanos e infraestructura verde para mitigar los efectos de isla de calor en las ciudades. Planifique más parques, estructuras de sombra y fuentes de agua para proporcionar espacios públicos frescos y accesibles durante las olas de calor.

Planificación de respuesta a emergencias

Desarrollar planes integrales de respuesta a emergencias por olas de calor que incluyan sistemas de alerta temprana, avisos de salud pública y estrategias de centros de enfriamiento.

Mejorar la coordinación entre las agencias de gestión de emergencias, los centros de atención médica y las organizaciones comunitarias para garantizar una respuesta eficiente durante las emergencias por calor.

Educación y participación comunitaria

Llevar a cabo campañas de concientización pública para educar a las personas y las comunidades sobre los riesgos de las olas de calor, las estrategias de prevención y las medidas de adaptación. Promover redes de apoyo comunitario, registros de vecinos y programas de asistencia para poblaciones vulnerables durante las olas de calor.

Infraestructura Verde y Prácticas Sostenibles

Fomentar el uso de techos verdes, superficies permeables y sistemas de recolección de agua de lluvia para promover el enfriamiento y reducir la escorrentía de aguas pluviales.

Implementar prácticas sostenibles como la generación de energía renovable, edificios energéticamente eficientes y medidas de conservación de agua para reducir los impactos ambientales de la adaptación a las olas de calor.

Infraestructura resistente al calor

Diseñar y modernizar la infraestructura para resistir el calor extremo, incluidos materiales resistentes al calor, superficies reflectantes del calor y sistemas de ventilación mejorados. Incorpore consideraciones sobre el cambio climático en el diseño y la planificación de infraestructura crítica, como hospitales, escuelas y sistemas de transporte.

COLABORACIÓN Y DEFENSA

Colaboración

Fomentar la colaboración entre agencias gubernamentales, organizaciones comunitarias, investigadores y partes interesadas para desarrollar e implementar estrategias de adaptación a las olas de calor. Involucrarse con empresas, servicios públicos e industrias locales para promover prácticas sostenibles y reducir los impactos de las olas de calor.

Abogacía

Abogar por políticas y regulaciones que den prioridad a la adaptación a las olas de calor y la resiliencia en la planificación urbana, los códigos de construcción y las iniciativas de salud pública. Apoyar iniciativas para abordar el cambio climático y reducir las emisiones de gases de efecto invernadero para mitigar los impactos a largo plazo de las olas de calor.

Al implementar estrategias de adaptación a las olas de calor a largo plazo tanto a nivel individual como comunitario, podemos reducir la vulnerabilidad, mejorar la resiliencia y minimizar los impactos sociales y de salud de las olas de calor. Adaptarse a un clima cambiante requiere acción colectiva, colaboración y un compromiso con las prácticas sostenibles para un futuro más resistente al calor.

10

MEDIDAS DE SUPERVIVENCIA PARA LAS OLA DE CALOR

Cuando hay una ola de calor, puede ser difícil lidiar con las temperaturas extremas, especialmente si no tiene acceso a aire acondicionado u otro equipo de refrigeración. Para resistir la ola de calor y mantenerse fresco y cómodo, puede adoptar una serie de precauciones de bricolaje. Puede mejorar significativamente su capacidad para soportar las altas temperaturas utilizando estas alternativas fáciles y asequibles. Aquí hay algunos consejos prácticos para sobrevivir a una ola de calor:

HACER UN ENFRIADOR DE AIRE EN CASA

Utilice un ventilador, una hielera o botellas de agua congelada para crear un acondicionador de aire casero.

Se puede producir un viento fresco colocando el ventilador para soplar aire sobre el hielo.

Haga su propio enfriador de aire para sobrevivir a la ola de calor

Mantenerse fresco es crucial para su comodidad y salud durante una ola de calor. Aunque son buenos para mantener frescas las habitaciones interiores, los acondicionadores de aire pueden ser costosos para funcionar de manera constante. Un enfriador de aire de bricolaje es una solución sencilla y económica que puede ofrecer enfriamiento sin consumir mucha electricidad. Para sobrevivir a la ola de calor, intente hacer su propio enfriador de aire de bricolaje siguiendo los siguientes pasos:

Materiales necesarios:

- Una botella de plástico grande o hielera.

- Una hielera o recipiente de espuma más pequeño que el grande

- Ventilador de caja, preferiblemente, como ventilador eléctrico

- Tubo de PVC con un diámetro de alrededor de 3 pulgadas que es lo suficientemente largo para llegar desde el ventilador hasta la parte superior del contenedor grande

- Adaptador para tubos de PVC (para acomodar el ventilador)

- Ya sea botellas de agua congelada o bolsas de hielo.

- Agua fría

Guía

- Preparar el recipiente grande:

- Tome la hielera grande o el recipiente de plástico y quite la tapa.

- Haz un agujero un poco más pequeño que el diámetro del tubo de PVC en un lado del contenedor. Esto actuará como la entrada de aire del ventilador.

Prepare el recipiente pequeño:

Corta un agujero un poco más grande que el diámetro del tubo de PVC en la tapa del recipiente de espuma de poliestireno más pequeño. La salida del aire enfriado estará en este orificio.

Fijación de tubería de PVC:

Asegúrate de que el tubo de PVC se extienda hasta el fondo del recipiente más pequeño antes de insertarlo por el orificio de la tapa.

El adaptador de tubería de PVC debe conectarse al extremo de la tubería y sujetarse de manera segura.

Configurar el ventilador:

Coloca el ventilador mirando hacia adentro junto a la abertura que hiciste en el costado del recipiente grande.

Usando el adaptador de tubería de PVC, conecte el otro extremo de la tubería de PVC al ventilador. El aire ahora será forzado a través de la tubería de PVC hacia el

85

contenedor más pequeño por el ventilador después de haber sido extraído del interior del contenedor grande.

Agregue botellas de agua congelada o bolsas de hielo:

Deje espacio en el recipiente grande para bolsas de hielo o botellas de agua congelada y llénelo con agua fría.

Para enfriar aún más el agua, sumerja bolsas de hielo o botellas de agua congelada en ella. El aire que circula por el tubo de PVC se enfriará gracias al hielo.

Cómo ensamblar un enfriador de aire de bricolaje

Coloque la tapa unida al tubo de PVC sobre el recipiente más pequeño.

Coloque el recipiente más pequeño encima del más grande, asegurándose de que la tubería de PVC esté paralela a la abertura de entrada de aire en el ventilador.

Activar el ventilador:

Para iniciar el flujo de aire, encienda el ventilador. El ventilador extraerá aire caliente de los alrededores, lo enfriará con agua fría y hielo, y luego liberará el aire enfriado a través de la tubería de PVC hacia su espacio vital.

Consejos para el mantenimiento:

Cambie regularmente las bolsas de hielo o las botellas de agua congelada para mantener el efecto refrescante.

Si es necesario, agregue más agua fría al recipiente grande.

Mantener una hielera limpia ayudará a evitar que crezcan bacterias y moho.

Recuerde que un enfriador de aire casero puede brindar un gran alivio en lugares pequeños a medianos, aunque puede no ser tan efectivo como un acondicionador de aire convencional. Es un sustituto energéticamente eficiente que le permitirá capear la ola de calor sin arruinarse. Cuando utilice el enfriador de aire de bricolaje, asegúrese de que su hogar tenga suficiente ventilación abriendo algunas ventanas o puertas para dejar salir el aire caliente y acelerar el proceso de enfriamiento.

CÓMO HACER SUS PROPIOS MISTERS DE ENFRIAMIENTO

Use una botella rociadora con agua para hacer vaporizadores refrescantes. Para un efecto refrescante, mezcle unas gotas de aceite esencial de menta o eucalipto. Para refrescarse instantáneamente, rocíe su cuerpo y cara.

Cómo hacer sus propios rociadores de enfriamiento caseros

Usar un rociador de enfriamiento es una manera fácil y eficiente de mantenerse fresco en un día caluroso. El rocío de agua produce un rocío fino que se disipa rápidamente, refrescando tu piel al instante. Se pueden usar materiales simples para hacer su propio rociador de enfriamiento en casa. Aquí hay un tutorial paso a paso para crear sus propios rociadores de enfriamiento en casa:

Materiales necesarios:

Obtenga una botella rociadora con una boquilla de rociado fino que esté limpia. La mayoría de las farmacias tienen botellas de spray vacías y también puedes comprarlas en línea.

Agua: Para su solución de rociado, use agua fría y limpia. Puedes usar agua filtrada o agua del grifo.

Opcional: si quieres un rocío perfumado, piensa en usar unas gotas de aceite esencial.

Las opciones populares para un aroma revitalizante incluyen aceites esenciales de menta, eucalipto o lavanda.

Guía

Limpiar una botella de spray:

Para garantizar que la botella de spray esté limpia y sin residuos, lávela primero con agua y jabón.

Ponga agua en la botella de spray:

Para evitar derrames, vierta con cuidado agua fría en la botella rociadora después de abrir la boquilla.

Adición de Aceites Esenciales:

Agregue unas gotas de su aceite esencial preferido al agua en la botella de spray para crear una niebla fragante.

Dependiendo de tus preferencias y de la intensidad del aroma, puedes usar más o menos gotas.

Cierra la botella de spray:

Para evitar fugas, cierre firmemente la boquilla de la botella rociadora.

Agita la botella:

Agite la botella suavemente para combinar el agua y el aceite esencial, si lo desea.

Examina la niebla:

Mantenga la cara y la ropa alejadas del recipiente del rociador mientras lo sostiene.

Se liberará una fina niebla en el aire al bombear la boquilla.

Verifique que la niebla no sea excesivamente intensa o débil. Para lograr la intensidad de rocío requerida, ajuste la boquilla según sea necesario.

disponible para ser usado:

Use su señor de enfriamiento casero en este punto. En los días calurosos, llévalo contigo en todo momento.

Cómo usar sus rociadores de enfriamiento

Mantenga una distancia de 6 a 12 pulgadas entre el recipiente del rociador y su cuerpo y cara.

Para rociar una fina niebla sobre su piel, bombee la boquilla. Permita que la niebla se evapore naturalmente para que pueda enfriar su piel. Cuando hace calor afuera o durante una ola de calor, puede usar el rociador de enfriamiento cuando sienta calor o necesite refrescarse.

Consejos adicionales

Antes de usar, coloque su botella de spray en el refrigerador para una niebla refrescante más energizante. Después de cada uso, drene el agua sobrante de la solución de nebulización y rellénela según sea necesario con agua fresca.

Es económico y respetuoso con el medio ambiente hacer sus propios rociadores de enfriamiento en casa para mantenerse fresco durante el verano. Para combatir el calor y mantenerse fresco, un rociador de enfriamiento de bricolaje puede ser un compañero útil, ya sea que esté descansando en casa, trabajando al aire libre o haciendo un picnic.

USAR BANDANA O TOALLAS HÚMEDAS

Aplique una toalla o un paño humedecido con agua fría en las muñecas, el cuello y la frente. Este método puede aliviar las molestias y ayudar a regular la temperatura corporal.

CREAR VENTILACIÓN CRUZADA

Para promover la ventilación cruzada en su hogar, abra ventanas en lados opuestos. Para promover el flujo de aire, mantenga las puertas entreabiertas con topes o cuñas.

HORNO SOLAR CASERO

Construya un horno solar de bricolaje para aprovechar la ola de calor.

Para cocinar al aire libre sin usar fuentes de calor tradicionales, monte una cocina solar sencilla con una caja, papel de aluminio y una tapa de plástico transparente.

Hacer un horno solar de bricolaje para cocinar durante las olas de calor

El poder del sol se puede utilizar para preparar alimentos sin el uso de fuentes de calor tradicionales con la ayuda de un horno solar de bricolaje. Usar un horno solar para preparar tus comidas durante una ola de calor puede ayudarte a evitar el sobrecalentamiento de tu casa con técnicas de cocina convencionales. Un pasatiempo divertido y ecológico que le permite cocinar excelente comida usando menos energía es construir su propio horno solar. Aquí hay un tutorial para construir un horno solar básico de bricolaje para cocinar durante una ola de calor:

Materiales necesarios:

Caja de cartón: Elija una caja con una tapa que sea duradera. La capacidad de cocción de tu horno solar dependerá del tamaño de la caja.

Se puede usar un rollo de papel de aluminio resistente para revestir el interior de la caja, reflejando la luz y conservando el calor. Cartulina negra: Cubre el fondo de la caja con este material. La superficie oscura se calentará a medida que absorba la luz solar.

Una hoja de plástico transparente o vidrio funcionaría bien como tapa del horno. Mientras retiene el calor dentro del horno, este material permite el paso de la luz solar.

Reúna materiales aislantes, como periódicos, paja o cartón pluma, para revestir los lados de la caja y aumentar la retención de calor.

Rejilla de cocción: Para colocar los alimentos dentro del horno, necesitará una rejilla de cocción de metal o alambre.

La temperatura interna de su horno solar se puede verificar con un termómetro para horno.

Guía

Prepara la caja:

Elija una caja que se adapte fácilmente a su rejilla de cocción y alimentos.

Retire cualquier cinta adhesiva o solapas de la caja para que sea solo un recipiente abierto.

Utilice papel de aluminio para forrar la caja:

Se debe usar papel de aluminio para revestir el interior de la caja, con el lado brillante hacia adentro. El papel de aluminio dejará entrar la luz en el horno reflejándola.

Cómo hacer una superficie negra

Se debe usar papel de construcción negro para cubrir el fondo de la caja. La luz del sol será absorbida por esta superficie oscura y se calentará.

Añadir aislamiento:

Aísle los bordes de la caja para retener el calor y aumentar la eficacia del horno.

Para una capa de aislamiento, use pajillas, cartón pluma o periódico arrugado.

Configuración de la parrilla de cocción:

Coloque la parrilla de cocción dentro del recipiente, dejando espacio para que el aire circule alrededor de los alimentos.

Cierra la tapa:

La lámina transparente de vidrio o plástico debe colocarse con cuidado encima de la caja como tapa.

Para cerrar la tapa y mantener el calor adentro, use cinta adhesiva o pegamento para sujetarla.

Una prueba de horno solar:

En un día despejado, coloque su horno solar a la luz del sol. Para mayor exposición, asegúrese de que el horno esté inclinado hacia el sol.

Para realizar un seguimiento de la temperatura interna del horno, use un termómetro para horno.

Comience a cocinar:

Coloque su comida en la rejilla de cocción dentro del horno una vez que haya alcanzado la temperatura adecuada.

Ponga la tapa y deje que el calor del sol cocine gradualmente su comida.

Consejo importante

Debido a la posibilidad de un interior muy caliente, tenga cuidado al manipular el horno solar y los alimentos.

Para permitir que entre la mayor cantidad de luz solar, asegúrese de que la tapa transparente esté impecable y libre de impedimentos.

Para garantizar una cocción uniforme y segura, controle la temperatura del horno con frecuencia.

Un enfoque ecológico y sostenible para preparar alimentos durante una ola de calor es con su horno solar casero. Es una excelente solución para cocinar a fuego lento y preparar alimentos sencillos, aunque es posible que no alcance las mismas temperaturas de cocción que los hornos tradicionales. Disfrute el proceso de usar energía solar para preparar deliciosas comidas mientras conserva energía en el verano.

ESTACIONES DE HIDRATACIÓN

Establezca estaciones de hidratación con agua helada, agua con infusión de frutas o bebidas con alto contenido de electrolitos. Mantenga jarras o botellas de agua reutilizables llenas y accesibles para cada miembro de su familia.

ESTRUCTURAS DE SOMBRA DIY:

Para ofrecer sombra en sus ambientes al aire libre, haga sus propias estructuras de sombra con bambú, tela u otros materiales. Reserva lugares frescos para que puedas relajarte y evitar el sol.

REMOJO DE PIES REFRIGERANTE

Agregue unas gotas de aceites esenciales, como menta o lavanda, a un recipiente con agua fría. Para ayudar a que su cuerpo se enfríe, sumerja sus pies en el agua fría.

UTILIZAR AYUDAS REFRIGERANTES PARA DORMIR

Para crear un espacio frío para dormir, coloque brevemente las fundas de las almohadas y las sábanas en el congelador antes de acostarse. Para mejorar su sueño durante la ola de calor, use cubrecolchones refrescantes o almohadas de gel.

Durante una ola de calor, ten en cuenta que tu seguridad y bienestar deben ser lo primero. Busque asistencia médica de emergencia si usted u otra persona desarrollan síntomas graves relacionados con el calor. Si bien estas soluciones que puede hacer usted mismo pueden hacer que se sienta más fresco y más cómodo durante una ola de calor, es crucial saber cómo llegar a lugares más frescos si las temperaturas aumentan peligrosamente. Tome medidas proactivas para protegerse a sí mismo y a sus seres queridos durante los períodos de calor excesivo manteniéndose actualizado sobre los avisos de calor.